植物大戰殭屍2

學人體漫畫

超級病菌大對抗

笑江南 編繪

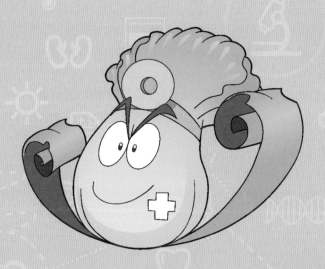

中華教育

向日葵

豌豆射手

花生射手

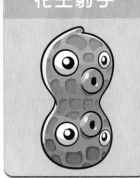

菜問

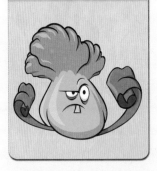

閃電蘆葦

堅果

火焰豌豆射手

棱鏡草

紅針花

騎牛小鬼殭屍

牛仔殭屍

探險家殭屍

雞賊殭屍

未來殭屍

未來殭屍博士

路障未來殭屍

斗篷殭屍

專家推薦

　　人體是一個複雜的生命體，有心、肝、脾、胃、肺、腎等內臟器官，有眼、耳、口、鼻等感覺器官，有肌肉、骨骼、關節等運動器官。這些器官形成神經系統、心血管系統、消化系統和呼吸系統等多個系統，並相互協調配合，進行各種正常的生命活動。這些人體知識與我們的生命健康和日常生活息息相關，如何科學地認識我們的身體以及防治各種疾病，成為人們當下最關心的話題之一。

　　很多人體知識看似深奧難懂，其實奇妙有趣，也非常實用，比如，人的血管可以繞地球幾圈？甚麼血型是「熊貓血」？為甚麼說肺是「嬌肺」？為甚麼呼吸道感染容易反覆？身體裏會長「石頭」嗎？腸道是「細菌王國」嗎？細菌也有好壞之分嗎？為甚麼胰腺被稱為不可低估的「隱士」？外形像茄子的膽囊有甚麼特別之處？哪個器官是「瑜伽高手」？怎樣訓練「免疫大軍」？

　　人體就像一部厚重的生命百科全書，其中蘊含着很多奇趣實用的科學知識和生活竅門，等着我們去研讀、探究。讓我們從這本書開始，揭開人體的奧祕，關愛生命，遠離疾病，健康茁壯地成長！

高 瑩

首都兒科研究所附屬兒童醫院主治醫師、醫學博士

目錄

神經紊亂是怎麼回事？

緊急集合！

嘀 嘀 嘀

嗒 嗒 嗒

植物鎮警察局

剛接到消息，殭屍城出現了異常情況。

殭屍們一夜之間消失了。殭屍城現在變成了一座空城！

啊？

情況緊急，大家分成不同小組，今晚去殭屍城祕密察探！

殭屍城瞭望台

呼 呼

呵呵

機器蟲小鬼殭屍，
你又偷懶了吧？

你那邊情況
怎麼樣？

一切正常。

你小心點，千萬不能讓植物們發現我們的祕密。

放心吧。

絮絮叨叨的，還是關掉指環對講機比較好。

嘀

唰

咧

說！你們到底有甚麼祕密？

到底說不說？

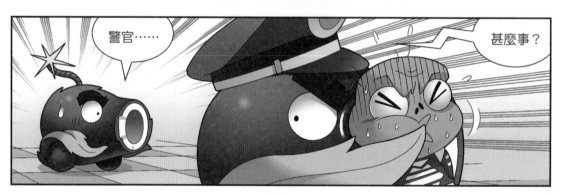

警官……

甚麼事？

您捂着他的嘴，讓他怎麼說？

等他鬆手，我就趁機打開指環對講機喊救命，未來殭屍聽到後一定會來救我的。

救命啊——

我還沒開始喊呢，哪兒來的聲音？

嘻嘻。

是我的手機鈴聲。

喂，甚麼？戴夫出事了？

植物鎮醫院

有人發現戴夫暈倒在路邊，打了120急救電話。

他身上的錢包也不見了，不排除是搶劫……

那就不奇怪了，他的症狀也很像植物神經紊亂導致的休克。

有這個可能。神經系統分為中樞神經系統和周圍神經系統兩大部分。而植物神經系統又叫自主神經系統，屬於周圍神經系統的一部分，是人體的一個控制系統。

它的工作機制一般是無意識地調節身體機能，如心率、消化、呼吸速率、瞳孔反應等。

戴夫可能是被劫匪嚇着了。

你的意思是，戴夫被嚇得神經出了問題？

人在受到過度驚嚇時，就會出現植物神經紊亂……

請問……

你醒了？

發生甚麼事了？

你在路邊暈倒了，錢包也不見了。我們懷疑你被搶劫了。

你還記得暈倒前的情況嗎？

不記得。

但我敢肯定，我沒被搶劫。

為甚麼？

因為我沒帶錢包。

為甚麼說肺是「嬌肺」？

伙伴們，我回來啦！

啊，贏得「超強大腦大對決」比賽的明星回來了！

他玉樹臨風，知識淵博！我真的好崇拜他啊！

給我們簽個名吧！

別着急，一個一個來。

稜鏡草醫生，給我也簽個名吧！

參賽的明明是我們，你們為甚麼只找他簽名？

沒有他給我們當導師，我們怎麼可能贏得比賽呢？

只是贏了一場比賽而已，生活還在繼續，我們還是安心工作吧！

……

向日葵說得沒錯，我不能被勝利衝昏了頭腦，要把心思放在本職工作上。

對了，堅果怎麼沒來？

他前兩天沒注意保暖，穿得太少，結果……

他發燒感冒了，還染上了肺炎。

啊？

堅果的肺也太脆弱了。

肺本來就很嬌嫩的。

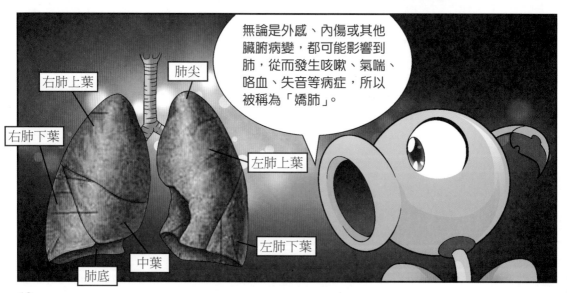

無論是外感、內傷或其他臟腑病變，都可能影響到肺，從而發生咳嗽、氣喘、咯血、失音等病症，所以被稱為「嬌肺」。

右肺上葉

右肺下葉

肺尖

左肺上葉

左肺下葉

中葉

肺底

不愧是醫師，懂得真多。

我也能成為醫師該多好啊！

菜問？

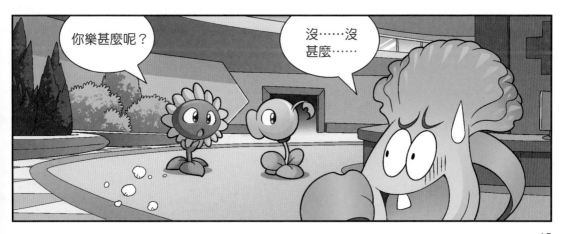

你樂甚麼呢？

沒……沒甚麼……

可那只是一場腦力比賽，和成為醫師不掛鈎的。

啊……

不過你連這麼難的比賽都能贏，我看好你的實力！

真的？

好好學習專業知識，提升能力，只要你通過醫師資格考試，就能成為正式的醫師。

嗯！

我一定會當上醫師的！

為甚麼呼吸道感染容易反覆？

咚咚咚

請進。

嘿，查房時間到了！

今天感覺怎麼樣？

還行。

16

不過⋯⋯

昨天夜裏，我在半夢半醒的時候，看到自己的胳膊上有東西。

這兩天，我總感覺自己身上有奇怪的事情發生。

奇怪的事情？

是甚麼東西呀？

像小人一樣的東西，還會動。

啊！

嘿

你去哪兒？

稜鏡草醫生，戴夫的腦子好像出問題了！

喂，別亂喊啊！

睡覺時，大腦處於休眠狀態，加上夜晚的房間裏本來就昏暗，眼花也是很正常的。

再觀察觀察吧！

好的。

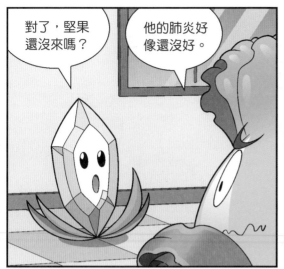

對了，堅果還沒來嗎？

他的肺炎好像還沒好。

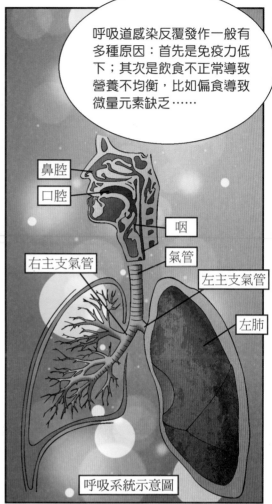

呼吸道感染反覆發作一般有多種原因：首先是免疫力低下；其次是飲食不正常導致營養不均衡，比如偏食導致微量元素缺乏……

鼻腔

口腔

咽

右主支氣管

氣管

左主支氣管

左肺

呼吸系統示意圖

恢復得這麼慢？

沒辦法，呼吸道感染容易反覆發作。

菜問，最近你的專業知識進步了不少嘛！

我最近每天都在發奮學習，為成為正式的醫師做準備！

19

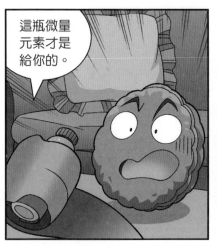

我想好了，接下來要更加努力地學習，把最近落後的功課追上來。

最好今年就能通過考試，成為真正的醫師。

不愧是我的好兄弟！我倆想到一起去了，我今年的理想也是這個。

真的？

那我們一起加油！

加油！

心脑血管疾病究竟有多可怕？

戴夫的心臟像彈簧牀一樣，真好玩！

就是彈得有點慢。

心臟示意圖

因為戴夫正在睡覺。成人在安靜的時候，心臟的跳動頻率是 60—100 次 / 分鐘。

牛仔殭屍！

炸彈裝得怎麼樣了？

快裝好了。

出甚麼事了？

戴夫的心臟出現了驟停，剛剛才被搶救過來。

他好像得了一種罕見的心腦血管疾病。

心腦血管疾病有這麼可怕嗎？

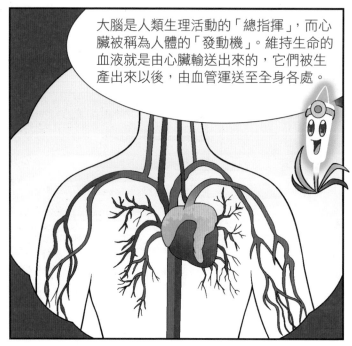

大腦是人類生理活動的「總指揮」，而心臟被稱為人體的「發動機」。維持生命的血液就是由心臟輸送出來的，它們被生產出來以後，由血管運送至全身各處。

心腦血管出了問題，不僅會造成頭暈、胸悶等症狀，影響患者的工作和生活，嚴重時還可能危及生命！

太可怕了！那如何預防這種疾病呢？

心腦血管疾病可以通過調節生活習慣來預防，比如常運動，規律作息，多吃蔬菜水果，以及吃一些魚肉。

魚肉？

魚肉中含有不飽和脂肪酸，這種成分可以改善人體的心血管循環。

不過我找您來，是因為我們在戴夫的心臟上發現了這個……

啊？是定時炸彈！拆彈專家在哪兒？

這裏沒有拆彈專家，只有手術醫生……

27

甚麼血型被稱為「熊貓血」？

急需熊貓血？

您是熊貓血嗎？

不是……

28

不過我覺得，你們在醫院門口找人獻熊貓血是個錯誤的選擇。

那應該去哪兒？

你們應該去動物園，那裏有熊貓。

我們說的熊貓血是 Rh 陰性血，跟國寶大熊貓沒關係。

Rh 陰性血是非常稀有的血液種類，被稱為「熊貓血」。而其中的 AB 型 Rh 陰性血最為罕見。

唉，等了半天，一滴熊貓血都沒找到……

我們很缺熊貓血嗎？

戴夫的心臟怎麼了？居然要用那麼多血。

是呀，為了給戴夫做心臟手術，醫院血庫裏的熊貓血都被用光了。

戴夫的心臟被人裝了定時炸彈。

呵呵

誰這麼缺德啊？

急需熊貓血

我也很想知道……

但只要找到熊貓血，就能為醫院的血庫解決燃眉之急了。

戴夫為甚麼三番五次被人陷害啊？

是很奇怪……

我覺得，現在最重要的是要找到陷害戴夫的兇手，這樣才能避免他再受傷害！

有道理！

獻血 熊

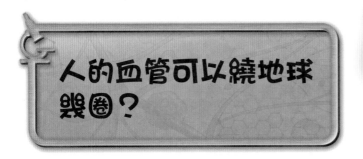
人的血管可以繞地球
幾圈？

呼嚕

嘟了

唰

到底是誰對戴夫
下的狠手……

奇怪，一切正常啊⋯⋯

不對，戴夫的嘴邊有東西！

這不是⋯⋯牛仔殭屍的帽子嗎？

對了，你還記得前段時間的一條新聞嗎？

甚麼新聞？

就是報道殭屍城變成空城的新聞。

當然記得，這條新聞在當時震驚了整個植物鎮。

據說椰子加農炮警官在調查這個案子的時候，抓住了一個殭屍並進行審問，後來就沒消息了。

我回想了一下，椰子加農炮警官抓住殭屍的當天，就是戴夫被送進醫院的那天。

而且戴夫也曾經說過，在自己的胳膊上看到過奇怪的小人。

啊，你的意思是⋯⋯

戴夫的病是因為殭屍在搗亂？

醫學實驗室

火炬樹樁，你的病剛好，還是多在家休息吧。

微型飛行器正處在研製的關鍵階段，我這點病算得了甚麼……

成功了！

微型飛行器成功通過了模擬血管！

太好啦！

不過,還有一個問題。

甚麼?

如果飛行器只能通過血管進入人體,還是有點麻煩。

人體內血管的長度至少有 9.6 萬公里,能繞地球兩圈多呢!

院長說得沒錯。

不過,既然微型飛行器能夠進入血管,我相信它也能從別的通道進入人體。

道理是這樣,但還需要繼續實驗。

院長，終於找到你了！

找我有事？

你們先聊，我要去查房了。

好的。

院長，我們有重大發現……

胃是怎樣消化食物的？

你們的意思是，戴夫的病是因為殭屍在搗亂？

沒錯。

我們在戴夫的口水中發現了這個。

它和牛仔殭屍的帽子看起來一模一樣。

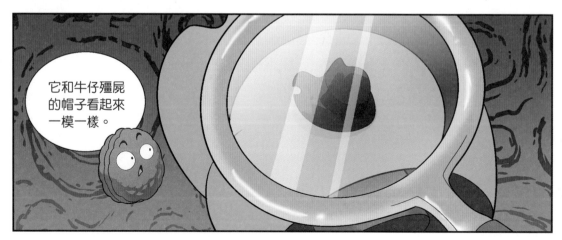

可是，僅憑它還不能認定是殭屍幹的，也許它只是一種長相奇特的細菌呢？

不可能！

戴夫自己也說在胳膊上看見了奇怪的小人！

我猜測，他說的小人就是殭屍！

愈說愈離譜！要證明這件事是殭屍幹的，你們還要拿出更充分的證據才行。

破案還真不是容易的事呀⋯⋯

破案和當醫生一樣，都需要細緻入微的觀察、剝繭抽絲的分析，這樣才能不斷接近真相，找到元兇。

對了，不知道他們找到熊貓血了沒有⋯⋯

聽說還沒有，那個更難。

可不是嘛，從小到大，除了我以外，我還沒見過身邊有誰是熊貓血呢。

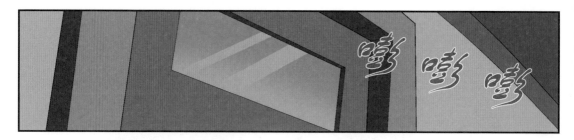

又是菜問助理？

我已經說過了，要找到充分的證據才……

院長，不好啦！

是你呀！我還以為是菜問……

豌豆射手醫生讓我趕緊來找你，說戴夫的胃停止消化食物了！

甚麼？

值班室

一般人的胃裏有超過 1500 萬個胃腺，它們不斷分泌出鹽酸和酸性的酶來消化食物，將本來已經很細碎的食物，分解成黏稠狀物體。

可是，戴夫的胃不知道為甚麼停止消化食物了。

可以讓他吃一些酸性的食物，刺激胃腺分泌消化酶。當然，飲食規律，細嚼慢嚥，別吃太飽，這些飲食細節也要注意。

嗯。我已經給他吃了促進胃酸分泌的藥物，可是根本沒有效果。

別想了，這一定是殭屍在搞鬼！

菜問，你們怎麼又來了？

堅果的臉色為甚麼這麼難看？

因為我剛剛帶他去捐血了。

看這個樣子，一定捐了不少血吧？

沒有啊，只捐了正常的劑量。

那他為甚麼看起來很難受？

因為我為自己沒有第一時間給戴夫捐血而慚愧……

更重要的是因為……

因為我暈血。

為甚麼說十二指腸是胃的好助手？

這個機器蟲小鬼殭屍嘴還真硬，關了這麼久，甚麼也沒招。

未來殭屍，未來殭屍你在嗎？

好你個機器蟲小鬼殭屍！

你怎麼現在才聯繫我？

噓，我被關進植物監獄裏了。

甚麼？

你們快派人來救我吧，監獄裏的日子可不好過呀。

恐怕要等一等了。

因為我們在戴夫心臟上裝炸彈的計劃沒成功。A計劃失敗了。

未來殭屍博士正式啟動B計劃，正在想辦法研製新病菌，加緊破壞戴夫的五臟六腑⋯⋯

菜問你帶堅果去休息,我和豌豆射手、火炬樹樁要商討戴夫的治療方案。

可是……

別「可是」了!

你們再這樣搗亂下去,我就要懷疑你們的動機了!

好吧,我們走就是了……

還是回去溫習功課,準備醫師資格考試吧。

對了，十二指腸是胃的好助手，我們可以用十二指腸的消化功能彌補戴夫胃功能的損壞。

有道理！

沒錯，十二指腸是最短、管徑最大的小腸段，它既接受胃液，又接受胰液和膽汁的注入。它的消化功能也非常重要。

瞧，問題不是解決了嗎？

並沒有。

因為戴夫的十二指腸也停止工作了。

那你剛才幹嘛還那麼激動？

如何醫治消化系統疾病

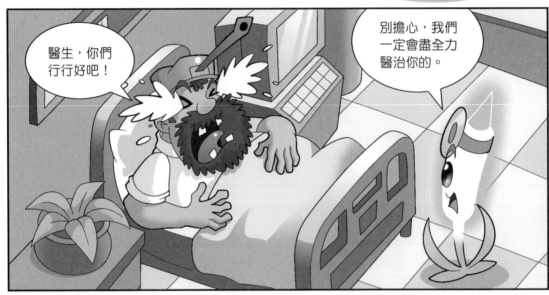

醫生，你們行行好吧！

別擔心，我們一定會盡全力醫治你的。

我們一定會找到最佳治療辦法，讓你恢復健康的。

我說的不是這個。

請你們往旁邊一點，別擋着我看足球直播比賽。

現在不是看電視的時候……你生病前，有沒有吃過不乾淨的東西？

這和我的病有甚麼關係？

俗話說「病從口入」，消化系統的疾病更是這樣。

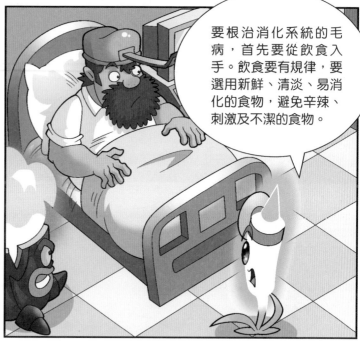

要根治消化系統的毛病，首先要從飲食入手。飲食要有規律，要選用新鮮、清淡、易消化的食物，避免辛辣、刺激及不潔的食物。

其次，生活要有規律，適當的休息和鍛煉；飯後不能劇烈運動，也不能立即睡覺。做到這些，才能增強體質，抵抗病菌的侵害。

這麼說來……

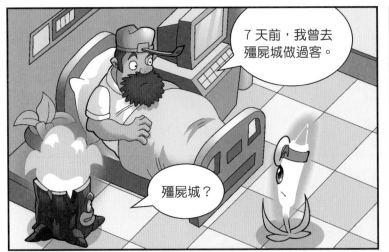

7 天前，我曾去
殭屍城做過客。

殭屍城？

對啊，未來殭
屍博士邀請我
去參加他的生
日派對。

生日派對結束後，其
他殭屍都不見了，只
有機器蟲小鬼殭屍送
我出門。

啊？

參加完派對以後，
我的身體就開始不
舒服了。

你在派對上吃過奇怪的食物嗎？

先等一下……我的鼻子很癢……

啊——啊——

阿嚏！

啊？是未來殭屍？

53

怎樣給肝臟「減肥」？

這傢伙在幹甚麼？

不知道。

應該是在想中午吃甚麼。

這是你想的吧？

真勁！

閒聊甚麼呢？
快去幹活！

我們想幹活的……

咧

可是插不上手。

按照這種進度，我們很快就能在戴夫的肝臟上建好大本營，研製新病菌了！

功夫氣功殭屍的氣功絕學，果然名不虛傳。

新病菌在哪裏都能研製呀，為甚麼一定要在戴夫的肝臟上研製？

因為肝臟具有解毒作用，在這裏做實驗，才更有針對性。

博士英明！

要不是植物們拆掉了戴夫心臟上的炸彈，我們的計劃早就成功了。

戴夫真可惡，先前不僅害我們輸掉了「超強大腦大對決」的比賽，還拿走了我的家產。這回，我一定要給他點顏色看看！

別太樂觀……

在脂肪肝上建基地，可不是那麼容易的事情。

脂肪肝？

戴夫這傢伙一定經常吃高脂肪的食物，又不愛運動，所以脂肪才會堆積在肝臟中，形成脂肪肝。

這些脂肪又厚又滑，很難建造穩固的基地。

怎麼樣才能去掉這些脂肪呢？

那就要靠他自己了。

比如多吃新鮮的蔬菜瓜果，不吃或少吃動物性脂肪、甜食，不飲酒，加強鍛煉，都可以讓人遠離脂肪肝。

別找藉口了。

明明是你的能力不夠。

你是從哪裏冒出來的？這裏有你說話的份兒嗎？

給你介紹一下，這是我為了這次行動，特意請來的超級英雄殭屍——超人殭屍！

就他，還超級英雄？

如果你真有本事，那露兩手給我們看看！

來就來。

58

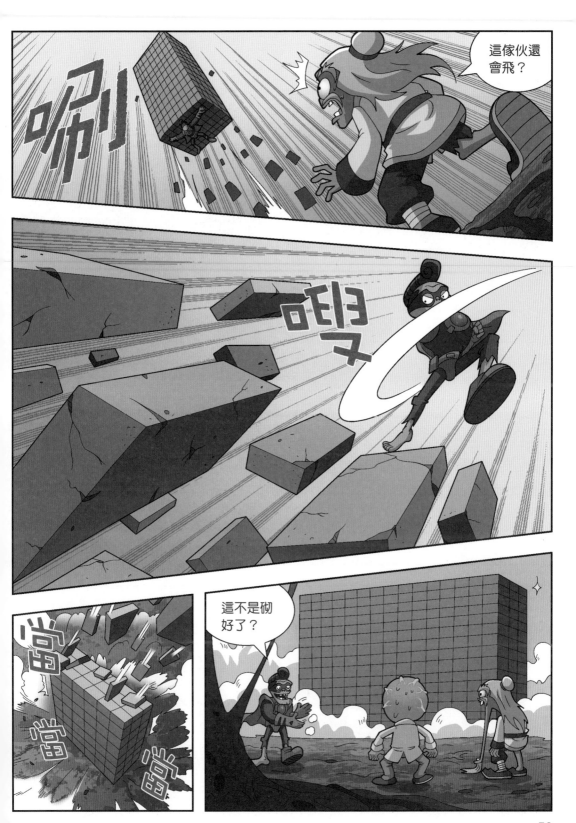

超級英雄果然厲害！

今天所有的砌牆任務就交給你了。

甚麼？

我沒時間啊。我一會兒還要去理髮呢！

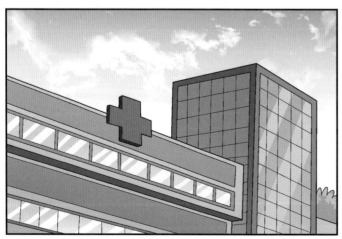

院長！我知道戴夫的病是怎麼回事了！

我們也知道了。

菜問和堅果的猜測很對，戴夫的病的確是殭屍引起的。

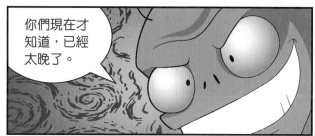

你們現在才知道，已經太晚了。

我們偉大的未來殭屍博士，帶領我們在戴夫的身體裏搞破壞。他們正在戴夫的肝臟上研製新病菌，戴夫很快就要完蛋啦！

你們到底要對我做甚麼？我又不是你們的實驗品！

為甚麼我們通常感覺不到肝臟的疼痛？

我帶他回警察局繼續審問，剩下的就交給你們專業人士了。

好的。

奇怪呀！

怎麼了？

未來殭屍說，殭屍們正在我的肝臟上建設基地。

那我的肝臟為甚麼感覺不到疼痛呢？

因為肝臟沒有痛覺神經。

即使肝功能異常，也不會出現明顯的疼痛，所以肝臟問題難以察覺。

那怎樣才能讓肝臟不受損害呢？

想要保護肝臟的健康，除了注意飲食和堅持運動外，還要避免飲酒，避免服用損害肝臟的藥物。

我這就去運動！

你剛剛做完心臟手術，先別着急運動。

現在最重要的是怎麼把你身體裏的殭屍們趕走。

你有辦法嗎？

其實，我最近研製了一種微型飛行器……

我們已經用它做了實驗，證明了它能夠通過血管進入人體。

這種飛行器可以載人飛行，也許能解決你的問題。

但是我們不知道殭屍現在是否在你的血管中，我們沒有十足的把握。

但從理論上來說，微型飛行器也能通過別的通道進入你的身體。

你們就用我做實驗，進去把殭屍趕走吧！

這個……

好吧，豌豆射手是我的助手，他曾駕駛過微型飛行器，我需要他的幫忙。

我去找他。

我和你一起去。飛行器先放這兒。

喂，你們都走了，那我呢？

你現在有一個很重要的任務。

甚麼任務？

好好休息，耐心等待，不許亂動。

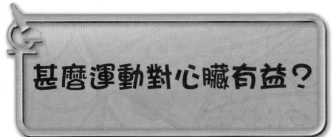
甚麼運動對心臟有益？

病房
戴夫

院長他們不在吧？

他們已經走了。

呼——

我跟你說，你的病啊……

是殭屍幹的。

你也知道了？

是呀。

剛剛從我的鼻子裏噴出一個未來殭屍，火炬樹椿和閃電蘆葦都看到了。他們正在想辦法進入我的身體，把我體內的殭屍們趕出來。

啊？

對了，閃電蘆葦院長剛剛還誇你，說你的推測很對。

真的嗎？

太好啦！看來我之前學的知識還是挺有用的。

唉，你倒是高興了，我卻不開心。

為甚麼？

也不知道他們甚麼時候才能把殭屍們趕出來。而且做完手術後，醫生讓我休息靜養，我擔心自己的體重會增加。

我以前可是很瘦的。

有嗎？我記得你的體型一直是這樣啊！

誰說的？我有照片為證。

中等強度的運動有一個特點，就是在運動的同時你還有力氣說一些詞語、短句子，但可能難以說一個完整的長句子。

比如我，最喜歡的運動是拳擊。

你還會打拳？

不信？我露兩手給你看看！

行啊！

嘿

呼

哈

腸道是「細菌王國」嗎？

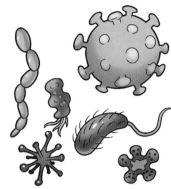

這是哪兒呀？

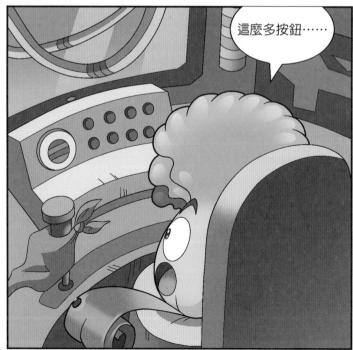

這麼多按鈕……

隨便按一個試試吧！

動了！

救命啊，你要帶我去哪裏呀？

病房

戴夫

豌豆射手已經準備就緒。

太好了，我的飛行器也準備好了。

戴夫有救了！

73

天哪！

是菜問！

這個平板是和微型飛行器聯網的。菜問正駕駛着微型飛行器，在戴夫的胃裏。

啊？

那是甚麼？

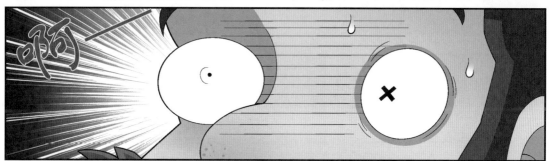

根據微型飛行器傳來的消息，菜問已經到了戴夫的腸道裏。

菜問，你能聽到我們說話嗎？

哈哈，真好玩！

住手！

誰？誰在說話？

我是火炬樹椿，你正在攻擊的是戴夫腸道裏的益生菌。

警告益生菌數量正在減少！！！

啊，怎麼會這樣？

你現在跟微型飛行器一起縮小了，飛到了戴夫的腸道裏。

腸道是個「菌羣王國」，裏面生活着 10 萬億個細菌。

其中有相當一部分菌有利於維持人體部分消化功能，能製造維生素，這部分菌是對身體有益的。殺死益生菌會影響人體的正常消化。

那現在怎麼辦？益生菌們就要衝過來了！

你先躲過這些益生菌，我想辦法讓你出來。

我還沒實現當醫師的夢想，不想就這麼死啊！

外形像茄子的膽囊有
甚麼特別之處？

這些益生菌
還真難纏。

對了！

別追了，我投降了。

呱——
呱——

不會吧？我都投降了，你們還來……

真是的，怎麼聽不懂我說的話呢……

菜問！

菜問，那裏是膽囊，快離開！

膽囊？

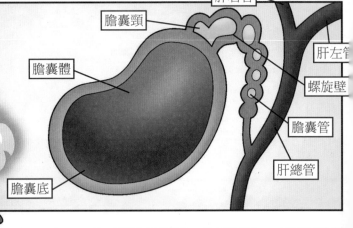

膽囊是位於人體右方肋骨下、肝臟後方的器官，長得像茄子。它的主要作用是濃縮、儲存膽汁，促進食物的消化和吸收。

肝右管

膽囊頸

肝左管

膽囊體

螺旋壁

膽囊管

肝總管

膽囊底

膽汁是一種消化液，會腐蝕微型飛行器的！

好像快被腐蝕了……

82

身體裏會長「石頭」嗎？

哇——

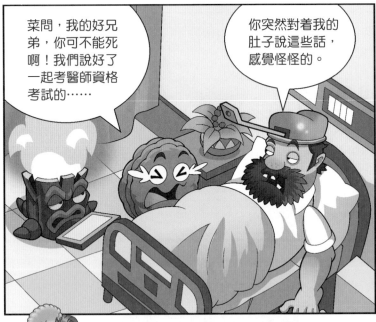

菜問，我的好兄弟，你可不能死啊！我們說好了一起考醫師資格考試的……

你突然對着我的肚子說這些話，感覺怪怪的。

好你個堅果，居然在背後詛咒我！

我還沒死呢！

我好像在一塊石頭上。

石頭？

你再仔細看看。

據我推斷，戴夫應該得了膽結石。

推斷正確。結石病一般分為兩類：膽結石和腎結石。

除了大人，兒童也有可能得結石病。

兒童也會得結石？

不注意飲食衛生，愛吃大魚大肉、糕點甜食，不愛運動，都會增加兒童得膽結石的概率。

你只是助理，也懂這麼多？

當然，我從小愛吃，還不愛運動，我哥為這沒少教訓我。而且我最近也學了很多醫學知識……

勤洗手，不吃生冷和不乾淨的食物，多吃水果、粗糧和新鮮蔬菜，多運動，多參加社交活動，就可以預防結石病。

你們別聊了，這裏很危險，快想辦法救我！

只能再派新的微型飛行器進去救他了。

派誰去呢？

我去救菜問！

我從小就會開飛機。我有經驗。

從小就會開飛機?

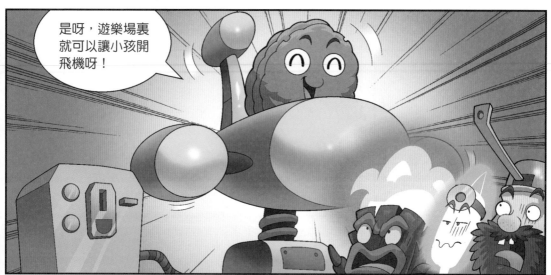

是呀,遊樂場裏就可以讓小孩開飛機呀!

這樣吧,你和豌豆射手分頭行動。你去救菜問,豌豆射手去對付殭屍,然後你們再會合。

嗯!

讓我們並肩作戰,把殭屍一網打盡!

脾臟分為「紅區」和「白區」嗎？

乖，把嘴巴張開。

不。

謝謝你們的好意，我午飯吃夠了，現在吃不下東西了。

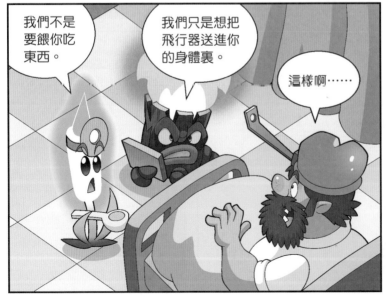

我們不是要餵你吃東西。

我們只是想把飛行器送進你的身體裏。

這樣啊……

為了我的健康，來吧！

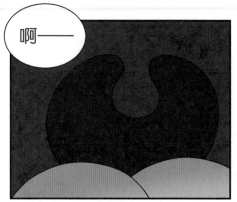

啊——

咕咚

院長，我們
進來了！

菜問，你還好吧？

堅果，是你嗎？

是啊，我來救你了。

堅果，你真是我的好兄弟！

這是甚麼？

嘿嘿，火炬樹樁為了讓我更好地操控微型飛行器，特意給我裝了機械手臂。

我是問你手上拿的是甚麼？怪嚇人的。

你說這個啊？

是番茄醬。

番茄醬？

一名合格的醫生是不能暈血的，所以我用它來克服暈血。

好吧……奇怪，你這個飛行器為甚麼不會被腐蝕？

因為火炬樹樁在這個飛行器表面塗了一層防腐蝕塗料，給它做了升級。

太好啦！走，對付殭屍去！

兄弟齊心！

其利斷金！

堅果，出事了！

我們在給戴夫做超聲波檢查，發現他的脾臟處有異動。

脾臟是人體最大免疫器官，主要由紅髓（紅區）和白髓（白區）組成。殭屍是在紅區還是白區呢？

還不太清楚。

書上說人體裏的血細胞主要在骨髓裏生產，但有些時候，脾臟也能產生血細胞。在胎兒期，脾臟對血細胞的形成起着重要作用。

脾臟是很重要的人體組織，我們不能讓它受到傷害。

嗯！

安全帶繫緊一點！

甚麼？

我有了機械手臂後，飛行速度非常快喲！

好嚇人啊！飛一般的感覺……

為甚麼胰腺被稱為不可低估的「隱士」？

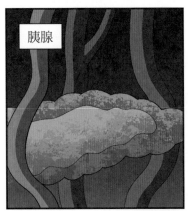

胰腺

快點！

植物們已經發現我們的 B 計劃，大家要爭取時間！

對不起，已經晚了！

誰？

區區鐵桶就想攔住我？

這麼厲害，你到底是何方神聖？

你就把我當成和胰腺一樣的「隱士」吧！

哈哈哈！

居然有人把自己比作胰腺？

別小看胰腺。

它雖然很小，但能夠消化蛋白質、脂肪和糖等物質。此外，胰腺還分泌胰島素和胰高血糖素，可以調節人體的血糖。

我聽說隱士中有很多英雄，但你肯定不是。

你甚麼意思？

因為英雄不會傷及無辜。

他們是受我差遣來破壞的，是無辜的。

有本事你把他們放了，我們倆單挑！

好！我先消滅你！

快逃！

現在可以開始了吧？

當然，我已經準備好了。

我已經準備好認輸了，饒了我吧！

勝利來得太突然了，我還沒大顯身手呢，太沒成就感了⋯⋯

哪個器官是「瑜伽高手」？

菜問，這裏的殭屍有點多，我們能行嗎？

眼前只有三個殭屍，怎麼應付不了呢？

又是植物⋯⋯

沒想到你們追到這裏來了。

哪裏有你們破壞，哪裏就有我們的身影！

況且你們根本不是我的對手。

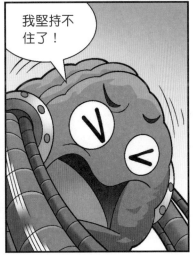

啊——

堅果！

我跟你拼了！

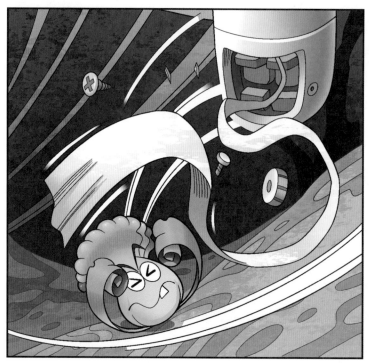

有了！

你們慢慢聊，我先走了！

站住！你這個叛徒！

我內急，急着上廁所……

他是騙你的。

憋兩分鐘不會有甚麼大問題，因為膀胱是「瑜伽高手」。

瑜伽高手？

殭屍真是孤陋寡聞，連「瑜伽高手」都不知道，怪不得總輸……

膀胱是一個可以自由伸縮的「肌肉袋」，被稱為人體的「瑜伽高手」。它可以在 0 毫升到 500 毫升之間自由伸縮。

可我已經憋1小時了……

憋尿太久了，對身體不好……不跟你們廢話了，我先走了！

等一等！

我也內急，我們一起去吧！

你們！

你起來幹嗎？

我也想上廁所……

你當我是3歲小孩嗎？都給我站住，一個也別想跑！

細菌是人體的「常住居民」嗎？

打了這麼久，你們不累嗎？

除非你們投降，停止傷害戴夫！

沒錯！鋤強扶弱、救死扶傷是我們的使命！

趁此機會，快跑……

啊，它們應該是有害菌！我記得在書上看到過……

每個人從小體內就有一個微生物羣落。在與周圍環境接觸的過程中逐漸形成的，所以每個人身體裏的菌羣不太一樣。

先別說了，快，上微型飛行器！

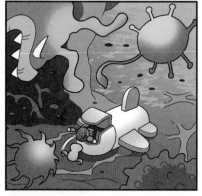

放馬過來吧！讓你們嚐嚐我的厲害！

再來啊！

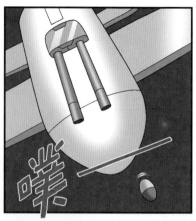

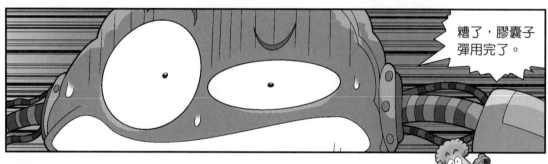

糟了，膠囊子彈用完了。

快，跟上！

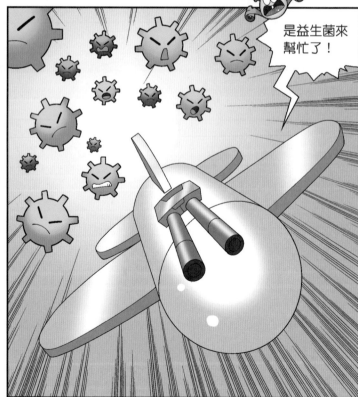

是益生菌來幫忙了！

怎麼還有 1 架飛行器？

是豌豆射手！太好了，快，左右夾擊！

可惡，眼下是寡不敵眾啊，大家先撤……

小小蟎蟲真有那麼大的殺傷力嗎？

可惡的植物！把我派到戴夫胰腺和脾臟的小分隊全擊滅了。

我有一計，不知當講不當講。

別賣關子了，快說！

好，我現在就說。

我認為可以加派人手，從外面進攻，來個裏應外合。

有道理！就叫它C計劃吧！

派誰去呢……

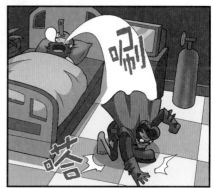

當然。蟎蟲雖然是微小的寄生蟲，但可以侵害人類的皮膚，引起「酒糟鼻」以及過敏症等。牠們還是導致過敏性鼻炎的元兇之一！

可為甚麼要在晚上偷偷摸摸來噴這東西？我超人殭屍天不怕地不怕，白天也能行動！

天氣預報說，明天是大晴天！

原來如此。

因為蟎蟲特別喜歡潮濕、陰暗、充滿灰塵的環境，最怕陽光。

我左噴噴。

我右噴噴。

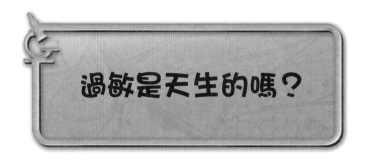

過敏是天生的嗎？

怎麼了？

我……

破相啦！

怎麼會這樣？

看樣子，是過敏了吧？

你應該屬於皮膚敏感。

皮膚敏感？

當接觸到過敏原時，皮膚敏感的人會產生一系列過敏症狀。有些是遺傳性的，屬於先天免疫功能異常。

你今天有沒有接觸過花粉，或其他容易引起過敏的東西？

沒有啊，我一直乖乖地待在病房裏。

那是甚麼？

蟎蟲

未來殭屍博士
專利產品

蟎蟲噴霧？

我知道了，你的症狀一定是蟎蟲引起的。

我的臉上有蟲子？

病毒是怎樣侵入人體的？

超人殭屍，你在嗎？

別煩我！

你……你的頭髮呢？

我不小心把蟎蟲噴霧噴到頭上了，結果得了毛囊炎，現在只剩下三根頭髮了。

不對，只剩兩根了。

為了讓戴夫生病，我的犧牲太大了。

我聽未來殭屍博士說，閃電蘆薈剛剛治好了戴夫的蟎蟲過敏，我們的計劃又失敗了。

甚麼？

你別生氣。未來殭屍博士剛剛成功研製了一種新型病菌，馬上就能對戴夫進行致命打擊。

新型病菌？

它比蟎蟲還要厲害嗎？

這種病菌一旦進入人體，就會以驚人的速度自我複製，到時戴夫就完蛋了。

你知道流感病毒嗎？

知道啊！

去年，殭屍城爆發流感病毒時，我也不幸中招了……

怎樣才能防治流感病毒呢？

預防流感病毒有幾種措施。

首先，可以通過均衡膳食和充足的睡眠，提高自身免疫力。

這個我能做到！

這還不夠。流感病毒很容易通過手部接觸表面沾有病毒的物品，然後接觸口鼻而感染，所以一定要勤洗手，講究個人衛生。

此外，天氣冷暖交替頻繁的時候，人體抵抗力會下降，容易受到流感病毒的侵襲，所以一定要根據氣溫的變化適當增減衣服。

這個也不難。

還有，流感病毒也能通過空氣傳染，所以一定要多開窗通風。

流感病毒真是「麻煩精」。

未來殭屍博士研製的不會也是流感病毒吧？

不是。

未來殭屍博士研製的是比流感病毒還要厲害百倍的「超級病菌」！

淋巴結為甚麼會變大？

這就是超級病菌？

沒錯。

看起來很溫和，一點都不像可怕的病菌。

它才不溫和呢！

只要我把它從培養液中放出來，它就會無限複製，佔領戴夫的五臟六腑！

這是甚麼？

我的假髮……

好丟臉啊！

超級病菌起反應了，殺傷力超級大。快，全體撤退，回殭屍城！戴夫小命休矣，哈哈！

太好啦，我早就盼着回家了……

快看，這就是超級病菌？

別碰！危險！

誰把我丟在這兒的？

叭刷　叭刷

護士，我的脖子上好像鼓起了一個包。

是淋巴結腫大！

淋巴結腫大是甚麼意思？

淋巴結是人體重要的免疫器官。當病菌侵入人體，淋巴結被感染時，淋巴結就很容易腫大、疼痛。

頸部淋巴結

鎖骨上淋巴結

腋下淋巴結

腹股溝淋巴結

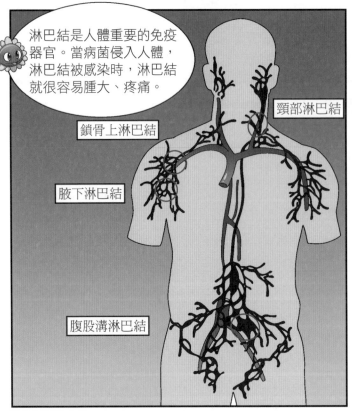

這麼說來，那個植物的淋巴結也感染了病毒吧？

甚麼？

為甚麼發燒的時候會感覺冷？

嗖り

吃我一針！

啊啊嗚

130

怎麼辦？
怎麼辦？

沒錯。這是火炬樹椿專門為殭屍定製的抗生素炸彈，快拿出來用！

事態緊急，消滅超級病菌要緊！

超級病菌的複製速度超級快，很容易變異。我們必須馬上使用抗生素炸彈！

火炬樹椿以前不是說抗生素不能濫用嗎？

豌豆射手，你真厲害！

抗生素炸彈威力還是有些小……菜問、堅果，你們快去微型飛行器上看看，還有沒有別的藥物和武器！

好！

找到了！

是甚麼？

一個口袋。

你能不能找有用一點的東西啊⋯⋯

等一下，口袋裏有東西！

是超級抗生素發射槍！

紙條上說，這是火炬樹椿最新研製的對抗超級病菌的超級抗生素！

132

衝啊——

嘪 嘪

菜問、堅果、豌豆射手，我們來幫忙啦！

你們怎麼也來了？

戴夫高燒不退，一直喊冷。我們一直聯繫不上你們，猜想這裏有麻煩，所以我們一起進來了。

堅果，你知道發高燒為甚麼會覺得冷嗎？

因為發燒會刺激體溫調節中樞，使中樞系統認為高溫才是身體的正常溫度。

同時中樞系統會發出升溫指令。

真棒！那有了機體調節，為甚麼有的人還要吃退燒藥呢？

而皮膚血管收縮會導致散熱減少，所以人就會覺得冷了。

發燒不超過 38.5℃時，通常建議採用物理降溫。但如果超過 38.5℃或患者有驚厥史等特殊症狀，就要及時服用退燒藥或打針，不然會有危險。

堅果，你懂的愈來愈多了。再接再厲，你一定能順利通過醫師考核的！

嗯，我們一起加油！

現在不是說這個的時候，先對付超級病菌吧。

不好，超級病菌變異了！

咕嚕——

咕嚕——

天使之翼！

那是甚麼？

好像是抗病菌的藥粉。

有效果了！

現在看我的！

超級藥水，發射！

菜問是我出生入死的朋友，你居然敢傷害他！

堅果衝進超級病菌羣裏了！

這孩子瘋了嗎？快想辦法支援他！

看招！我要讓你們通通完蛋！

怎樣訓練「免疫大軍」？

啊，爆炸了！

應該是大家的藥物攻擊起作用了，加上戴夫最近身體康復了，體質增強了，才打敗了超級病菌。

超級病菌終於被消滅了，可是，堅果犧牲了⋯⋯

不對，他在那兒！

你沒事吧？

咚——

堅果！

快點搶救……

可惡，我的超級病菌計劃就這樣失敗了……

近期，植物鎮醫院的醫生們破獲了殭屍失蹤一案，並解救了被殭屍迫害的戴夫……

還好我的頭髮都長出來了，沒甚麼損失。未來殭屍博士發明的催髮素還是挺管用的……

嗯。

你們都在看新聞呢？

你要走啦？

是啊，也不能總在醫院裏賴着吧……

戴夫，經歷了這次超級病菌風波後，你出院後要多注意身體健康，訓練自身的「免疫大軍」。免疫力提高了，自然就有能力抵抗病菌了。

自身的「免疫大軍」怎麼訓練呢？是增強免疫力嗎？

從免疫學的角度說，體內的免疫系統一直處於一個平衡的狀態。

如果免疫系統發生紊亂，任何方面的增強都可能導致免疫功能失調，導致生病。

不過，可以通過適當的鍛煉、有規律的生活等方式，平衡體內的免疫系統。

謝謝提醒，我會的。

堅果，你還不能回家！

我好不容易被搶救過來，也恢復得差不多了，還不能回家休息？

不是這個意思。我這次立了功，院長答應當我們的輔導老師，幫我們進行醫師資格考試的衝刺複習！

真的嗎？

有了院長的指點就能事半功倍，很快就能成為醫師啦！

嗯，太開心啦！

砰——

我要走了。這次多虧了大家，我才撿回一條命。這是我送給大家的禮物。

再見了，朋友們！

戴夫送的是甚麼禮物啊？

好奇特的入場券啊，戴夫又在玩甚麼花樣呢？

入場券

100

（未完待續……）

認識我們的五臟

認識我們的五臟

　　五臟和六腑是根據內臟器官的不同功能來區分的。五臟是指心、肝、脾、肺和腎這五個臟器，主要用來貯藏營養物質，維持生命活動。五臟的職能是彼此協調的，一起維持人類生命的進程，而且它們的生理活動與自然環境的變化、人的精神狀態也是密切相關的。

五臟最怕甚麼？

　　生活中，大家都知道要保護好人體的五臟。我們要先知道最容易傷害五臟的壞習慣，然後盡量避免這些壞習慣。

一、心怕累

　　心臟在人體中的地位非常重要，它的作用是推動血液流向各個器官、組織，保證提供充足的血量，並且供應氧和各式各樣的營養物質，維持細胞正常的代謝和功能。大家都很喜歡把「心累」兩個字掛在嘴上，其實是很有道理的。心臟出了問題，長期感到疲憊、壓抑，往往會出現胸口疼痛、身體衰弱等症狀，還會導致各個器官受影響，健康也會受損。

　　在日常生活中，我們要養成有利於心臟的習慣，比如中午靜臥或靜坐半個小時，但不要在吃完午飯後馬上睡覺。我們平時還可以多做一些不太激烈的有氧運動，多曬太陽。

二、肝怕煩悶

肝臟的主要功能是代謝，並且有去氧化、儲存肝糖、合成分泌性蛋白質等作用，還會製造消化系統中的膽汁。作為人體最大的內臟器官，只有當肝臟不受任何約束時，身體才會感覺輕鬆、舒暢，但是有些壞習慣往往會給肝臟帶來負擔：

1. 心情壓抑、鬱悶。人們在很生氣、很焦躁的情況下，都會讓肝臟難以舒展。長期保持煩悶的情緒就會引發一系列身體疾病，比如胃疼、頭疼、高血壓等。

2. 食物傷肝。黃麴霉素是傷肝的有害物質，也是肝癌的主要誘發因素之一。發黴的花生、瓜子等都含有黃麴霉素，千萬不能食用。

3. 過量飲酒。有些同學的家長經常喜歡大口大口地喝酒，這對身體很不好。同學們可以從保護肝臟的角度，勸導家長少喝酒。

此外，如果經常長時間對着電視、電腦，或者經常睡眠不足、熬夜等，也容易導致肝臟供血不足。我們要養成健康的飲食習慣和作息規律，保持心情愉快，別做壞情緒的「奴隸」。

三、脾怕刺激

脾是人體健康的根本所在，也是人體內最重要的免疫器官之一，是機體細胞免疫和體液免疫的中心。脾含有大量淋巴細胞與巨噬細胞，脆而軟，受到重擊後容易破裂。平時我們經常聽到「脾臟破裂」，說的就是這種情況。成人的脾臟重約 0.15 至 0.2 公斤，具有濾血的功能。大量巨噬細胞能夠清除衰老的血細胞（如紅細胞）、

抗原（任何可誘發免疫反應的物質）與異物等。一般來說，傷害脾的壞習慣大多與飲食有關：

　　1.吃得太生、太冷、太飽都對脾不好。脾臟比較脆弱，怕受外界食物刺激，飽一頓，飢一頓的不健康飲食，會對它造成傷害。

　　2.吃太多甜食對脾不好。適量的甜食能提供人體能量，但是甜食吃多了也容易傷脾，減緩腸胃蠕動，導致打嗝、脹氣、食慾不振、消化不良等症狀。

　　四、肺怕環境差

　　肺是人體的呼吸器官，它就像是一把大傘，罩在其他內臟器官上方。有時候，肺的好壞還關係到壽命的長短。所以，我們要避免下面這些傷肺的壞習慣：

　　1.吸煙或吸二手煙。目前公認的事實是煙草對於人體有着強烈的刺激作用，特別是對肺的傷害非常大，嚴重的病人甚至會患上肺癌。

2.在空氣差的地方逗留很久。肺是很嬌嫩的，所以對周邊環境的要求很高。如果一個人在廢氣多或者煙味瀰漫的環境裏逗留太久，不能呼吸新鮮空氣，肺就會受不了。

為了保護肺，我們在早起後應該找一個空氣清新的地方做深呼吸，平時多吃一些維生素豐富的蔬果。秋天的時候可以吃一些銀耳與秋梨。最簡單的辦法就是多笑笑，保持心平氣和，這樣對肺很有好處。

五、腎怕缺水

腎臟是非常重要的人體器官，其基本功能是生成尿液，清除體內的代謝產物、廢物和毒物等，同時保留水分和有益於人體的物質，如蛋白質、氨基酸、葡萄糖、鈉離子、碳酸氫鈉等，用來調節電解質平衡和體內酸鹼平衡。腎臟還具有內分泌功能，能夠生成腎素、促紅細胞生成素、活性維生素 D3 等。腎臟的健康，保證了人體內環境的穩定，使人能夠正常地進行新陳代謝，是生命活動的調節中心。保護腎臟要摒棄下面這些壞習慣：

1.不喜歡喝水。腎臟是一個保留水分，並且時常進行代謝的器官。如果平時吃得太鹹，不愛喝水，就難以產生尿液，長此以往對身體不好。

2.晚上不肯睡覺。熬夜、出去吃夜宵等活動對腎臟的傷害很大。而且，夜裏長時間處於興奮狀態，白天就會出現精神不振的現象。

細菌的「大本營」在哪裏？

細菌是所有生物中數量最多的一類單細胞生物，具有相對完整的細胞結構，能夠自行生長、繁殖。細菌的形狀非常多樣，主要包括球狀、桿狀以及螺旋狀。細菌與我們的生活息息相關，有一些細菌被我們用來製作乳酪、處理廢水、生物科技應用等，另外還有很多細菌無處不在，是許多疾病的病原體。那麼究竟哪些物品是細菌最多的「大本營」呢？

1. 手套

我們經常戴的手套會接觸多種物品，如果不經常洗滌，就會造成細菌滋生。當我們重複戴上同一副滿是細菌的手套時，患病的概率就會增加。因此，手套一定要經常清洗，同時多備幾副以便替換。

2. 遙控器

遙控器是家裏使用率非常高的東西，而遙控器上的細菌數量也非常多。特別是酒店、旅館裏的遙控器，更要經常消毒。專家建議至少每週擦洗一次遙控器，要是有病人使用過遙控器，就要擦得更仔細一些。

3. 手機

現在，很多人的生活已經離不開手機了，我們的手指一直在屏

幕上輕掃，打電話的時候也會噴出唾沫。手機屏幕是大量細菌的聚居處，所以最好用專門的清潔液來進行擦拭。

4. 砧板

不要小看家裏的砧板，因為我們經常在上面切菜切肉，它已成為細菌的重災區之一。如果砧板長時間處於潮濕的狀態，再加上各種食材裏本身帶有的細菌，細菌就很容易殘留在砧板上面，並通過食物進入我們的口腔和腸胃。砧板最好能生熟分開，而且每次用過後一定要及時清洗、晾乾。

5. 吸塵機

據研究，經常幫我們打掃的吸塵機裏可能含有數量極多的大腸桿菌。日積月累下來，它會對人體有害。所以在每次使用吸塵機之後，最好將它清潔一遍。

6. 洗衣機

衣服也是重要的細菌藏身之處，尤其是當我們經常出沒於有污染的環境裏。在洗衣服的時候，就會有一部分衣服上的細菌黏附在洗衣機裏。所以，洗衣機必須要定期清潔，衣物也要經過分類洗滌才健康。

7. 馬桶坐墊

秋冬之際，我們經常會給馬桶廁板套上一圈厚厚的坐墊，起到保暖的作用。但是，坐墊被多人使用後，上面就會產生許多細菌。因此，最好定期更換馬桶坐墊，並經常進行清洗。

8. 錢包

一張錢幣會經過無數隻手，時常從一隻沾滿細菌的手轉移到另一隻沾滿細菌的手，本身已經帶有超量的細菌了。而作為長期存放錢幣的容器，錢包是細菌聚集的「大本營」。所以，我們拿出錢包付款後，盡量要找個地方洗洗手，避免因為感染細菌而得病。

9.菜單

一般來說，在餐廳點菜都會用到菜單。一份菜單可能有成百上千隻手摸過，自然很容易傳播各式各樣的病菌。所以，我們點菜的時候別讓菜單接觸到餐盤，點完菜以後要馬上洗手。

10.購物手推車

超市是很多家長和孩子愛去逛的地方，但很少有人注意到，購物手推車上其實含有大量大腸桿菌等細菌。這些細菌會通過手推車，轉移到我們的手上和挑選的食物上。所以，從超市回家後，我們要記得第一時間用洗手液洗手。

如何對餐具進行消毒？

鍋碗瓢盆是我們日常生活的必需品。如果沒有對它們徹底地清洗消毒，這些餐具就會成為傳播疾病的媒介，如甲型肝炎、痢疾、結核病和食物中毒等。所以，如何正確地對餐具進行消毒，就顯得尤為重要。

1.開水消毒法：在洗碗筷或砧板的時候，要用清水將碗筷表面和砧板縫隙刷洗乾淨，然後放置到 100℃的沸水中煮 5 至 10 分鐘，這樣細菌就很難殘留了。

2.蒸汽消毒法：這是一種比較古老的消毒方法，就是把餐具清洗完畢後，讓它們盛着清水放到一個乾淨的大籠屜上，然後蓋上蓋，開火蒸。等到餐具裏的水沸騰後，再繼續蒸 5 至 10 分鐘，然後

關火，讓它們自然冷卻。最後，把水倒去即可。千萬不要再用抹布去擦拭一遍，這樣可能會讓餐具二次污染。

　　3. 紫外線消毒法：太陽光中的紫外線其實具有一定的殺菌能力。在沒有開水的情況下，可以在清水洗淨餐具後，將它們放在烈日下曝曬 40 分鐘左右，同樣能夠起到消毒殺菌的作用。需要注意的是，在晾曬餐具時要避免被塵土或蚊蠅污染。

步行對人體的重要性

　　俗話說「百練不如一走」，步行是一種非常簡單又有效的鍛煉方法。不過，我們在步行的時候要適可而止，走到身體微出汗就行了，不要過量運動。許多國家將普通的步行歸入國家健身計劃裏，

世界衛生組織更是將其定義為「世上最好的運動」。的確，人體的內臟器官、生理機能、骨骼和肌肉等方面都與步行這項運動非常契合。步行能對肌肉與骨骼進行力量訓練，可以牽拉整個經絡系統。每天堅持步行一小時，對人體健康有好處。

據研究，長期堅持步行可以增強心臟的功能，促進血流順暢，防止血脂在血管壁上堆積，防止血栓的形成。所以，堅持步行能夠有效防止及減少心腦血管病的發生。據研究，經常走路的人比很少走路的人患中風的概率要低 40% 左右。

此外，長期堅持步行還對我們的大腦有利。大腦所需氧氣約佔全身所需氧氣的 40%，需要的血液更是遠遠多於其他器官。步行可以增強血液循環，使大腦獲得足夠的血液和氧氣，從而推遲大腦的衰老時間，讓一個人的神智更加清醒。據科學研究，步行還是防止大腦萎縮的有效途徑之一。

人體健康小常識

你知道這些人體健康知識嗎？

1. 口腔

口腔是消化道的起始部分，也是呼吸、說話的重要器官。口腔包括脣、齶、牙、舌頭、唾液腺等器官。在很多情況下，人體細菌最多的部位之一就是口腔。據統計，僅是一個人口腔裏的細菌就超過了全世界的人口數。但是不要過度擔心，刷牙和使用牙線能夠清除一些細菌，還有不少細菌是溺死在我們每天製造的大約 1.5 升唾液裏的。

2. 牙齒

牙齒是人類身體最堅硬的器官，由牙本質、琺瑯質和牙髓構成。剛出生的嬰兒從萌出第 1 顆乳齒到萌出全部乳齒，需要 3 年左右的時間。當乳齒不能滿足人體的需求時，乳齒就會脫落，長出伴隨我們一生的恆齒。牙齒的咬合關係非常重要，如果咬合關係出現問題的話，會出現頭疼、肩部酸痛等一系列症狀。

3. 舌頭

舌頭位於口腔的底部，是人品嚐食物的器官，其重要的功能是幫助我們感知味覺。並不是舌頭表面的所有舌乳突都有感知味覺的作用，只有那些含有味蕾結構的舌乳突才能辨別不同的味道。吞嚥動作、發音說話也離不開舌頭的輔助。人的全身上下，幾乎沒有一塊肌肉會像舌頭那樣辛苦。白天，我們說話的時候，舌頭不停地在動，咀嚼食物的時候舌頭還是在動。到了晚上，當其他肌肉都進入休眠狀態時，我們在睡夢中不自覺地吞嚥唾沫時，舌頭依然在動。

4.臉

很多人也許不知道，我們這張臉的主人有時不是我們自己，而是那些小到看不見的蟎蟲。牠們在我們的臉上產卵、孵化，而鼻部、前額等油脂分泌旺盛的部位則是牠們最喜歡藏匿的地方。只有洗臉的時候，一些蟎蟲才會被清除掉，但也只是一部分而已。

5.汗液

在我們感到很熱或者很緊張的時候，神經就會發出信號，指使數以百萬計的腺體排出汗水。人類的主要排汗部位是面部、腋窩、手足，細菌也大多集中在這些地方。實際上，我們流出的汗液本身是不臭的，但細菌混進去後就會讓汗液變臭。

6.腸道

腸道是人體重要的消化器官，包括小腸、大腸和直腸三大段。食物從胃進入小腸後，在小腸（包括十二指腸、空腸和回腸）內進一步消化和吸收。據專家研究，堆積在我們體內的小腸其實不算小，全長通常可達 6 米之多。大腸雖然看上去比較粗壯，但長度只有 1.5 米左右。

7.排尿

當我們吃了一些蔬菜後再去上廁所，或許會被自己的尿液嚇到。比如，吃完大量紅菜後，尿液就會變成粉紅色或紅色；吃完許多蘆筍後，尿液就會散發出臭味。通常在非病變的情況下，這並不是我們的身體出現了問題，而是蔬菜本身的特性導致的。

8.肚臍

這是一個非常容易被忽視的地方。科學家對肚臍進行過認真的觀察，發現約有 1400 隻不同種類的細菌把我們的肚臍當成了自己家，在那裏繁衍後代。即便如此，我們也不能用手去摳肚臍，否則容易出現紅腫及疼痛等感染症狀。

如何防治蟎蟲？

蟎蟲是一種肉眼不可見的微型害蟲。據說全球的蟎蟲種類有五萬多種，主要分成幾大類：塵蟎、粉蟎、革蟎、恙蟎、食甜蟎等，其中塵蟎分佈得最廣、數量最多。儘管塵蟎的形體只有 30 至 300 微米，卻是一種強力的過敏原，在溫暖潮濕的地方活動頻繁。

據統計，80% 以上的哮喘兒童顯示對塵蟎過敏。事實上，蟎蟲的屍體、分泌物與排泄物都是過敏原，很容易進入我們的呼吸道或沾上皮膚，導致過敏體質的人容易打噴嚏、流涕、鼻塞、咳嗽、氣喘及出現皮疹等。春天是過敏性疾病的高峯季節，也是小蟎蟲興風作浪的時期。

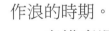

塵蟎喜濕怕光，家裏分佈塵蟎最多的地方為地毯、棉被、牀墊、枕頭、地板和沙發等。塵蟎會隨我們打掃的行動（如掃地、鋪牀疊被等），分散到室內的各個角落。粉蟎大多

出現在我們開了封的餅乾、奶粉等食品上。食甜蟎更喜歡在罐子裏的白糖、麥芽糖、糖漿中取食。粉蟎和食甜蟎大多是通過這些食物被吃進人體內而使人患病的。還有一些蟎蟲會直接叮咬人體，使其染毒或患病，如革蟎、恙蟎等。

那麼，如何才能防治幾乎無所不在的蟎蟲呢？

首先是曬被子。有科學家認為三個月不曬被子的話，就有600萬隻蟎蟲陪你一起睡。成都一家醫院的醫生還特地做了實驗，讓一牀棉被在三個月內不做任何晾曬處理，結果顯示僅棉被的表面就有132萬隻蟎蟲。再加上棉被裏面的蟎蟲，滋生600萬隻蟎蟲並不是危言聳聽。所以皮膚科專家建議，棉被必須要經常曬。曬棉被其實也有講究，最好是暴曬，且棉被的正反面要交替晾曬，這樣才能更有效地殺死蟎蟲。

不僅棉被要晾曬，枕頭、牀墊、沙發墊、坐墊、地毯等都要經

常晾曬，而且要時常清洗。洗的時候放一點消毒液進去，洗完後繼續暴曬。讓生活用品保持乾燥、清潔，就能抑制蟎蟲的生長。

　　除了曬太陽，通風、乾燥也很重要。北方氣候乾燥，蟎蟲相對就比較少；南方空氣潮濕，蟎蟲就很多，春秋兩季尤其明顯。每天早上起牀後，我們不要馬上疊好棉被，而是要把棉被跟身體接觸的那一面翻過來，攤開在牀上，接着打開窗戶，讓窗外吹進來的風把棉被的濕度降下來，從而降低蟎蟲的存活率。

□ 責任編輯：華　田
□ 裝幀設計：龐雅美　鄧佩儀
□ 排　版：楊舜君
□ 印　務：劉漢舉

植物大戰殭屍 2 之人體漫畫 02
——超級病菌大對抗

□
編繪
笑江南

□
出版
中華教育
香港北角英皇道 499 號北角工業大廈一樓 B
電話：(852) 2137 2338　傳真：(852) 2713 8202
電子郵件：info@chunghwabook.com.hk
網址：http://www.chunghwabook.com.hk

□
發行
香港聯合書刊物流有限公司
香港新界荃灣德士古道 220-248 號
荃灣工業中心 16 樓
電話：(852) 2150 2100　傳真：(852) 2407 3062
電子郵件：info@suplogistics.com.hk

□
印刷
美雅印刷製本有限公司
香港觀塘榮業街 6 號 海濱工業大廈 4 樓 A 室

□
版次
2022 年 8 月第 1 版第 1 次印刷
© 2022 中華教育

□
規格
16 開（230 mm × 170 mm）

□
ISBN：978-988-8808-19-9